AF586766

LA RESPIRATION ET L'INNERVATION MUSCULAIRE

TABLE DES PLANCHES

		Page
I	Cage thoracique avec corset	7
II	Cage thoracique sans corset	9
III	Etat de repos après expiration, face antérieure	11
IV	Mouvement d'aspiration, dilatation de la cage thoracique et de l'abdomen, face anterieure	13
V	Mouvement d'aspiration, dilatation de la cage thoracique et de l'abdomen, contraction du grand droit de l'abdomen, face antérieure	15
VI	Etat de repos apres expiration, vu de côté	17
VII	Mouvement d'aspiration, dilatation de la cage thoracique et de l'abdomen, vu de côté	19
VIII	Jambe droite posée et dégagée, crescendo d'innervation, face antérieure	21
IX	Jambe droite soutenant le poids du corps, tension modérée des muscles, face postérieure	23
X	Jambe droite étendue en arrière et dégagée, tension modérée des muscles, face postérieure	25
XI	Génuflexion, crescendo d'innervation, le corps se prépare à se redresser	27
XII	Jambe droite dégagée vue du côté gauche, cuisse mi-levée, crescendo d'innervation	29
XIII *a*	Bras droit — Face postérieure, les muscles en tension modérée	31
XIII *b*	Bras droit — Face postérieure, crescendo d'innervation	31

Imprimerie Delachaux & Niestlé S. A. — Neuchâtel

Méthode Jaques-Dalcroze

La Respiration

et

l'Innervation Musculaire

PLANCHES ANATOMIQUES

en supplément à la Méthode de

Gymnastique Rythmique

PARIS
28, Rue de Bondy

NEUCHATEL
3, Rue du Coq d'Inde

LEIPZIG
94, Seeburgstrasse

SANDOZ, JOBIN & Cie, Éditeurs.

La Respiration et l'Innervation Musculaire

Les planches anatomiques contenues dans cette brochure ont pour but d'appliquer et d'illustrer tout ce qui, dans notre méthode de gymnastique rythmique, a trait au développement de la cage thoracique et à la contraction musculaire.

Le professeur de musique qui voudra se vouer plus spécialement à l'enseignement du rythme selon notre méthode, sentira tôt ou tard, comme nous l'avons senti nous-même, la nécessité d'étudier les modifications produites dans l'organisme par le travail musculaire, ainsi que les fonctions des muscles, agents immédiats du mouvement. Il est bien entendu que la gymnastique rythmique, quoique salutaire au point de vue hygiénique, ne joue pas le même rôle que la gymnastique thérapeutique, qu'elle s'adresse à des sujets bien portants et qu'elle s'occupe de la santé, non de la maladie. Mais par le fait même qu'elle s'occupe de la santé et des fonctions normales de l'organisme (notre système étant de faire servir le corps au développement de la mentalité rythmique), il est indispensable que le professeur connaisse les formes du travail musculaire et ses effets généraux, utiles ou nuisibles, sur les grandes fonctions organiques, de façon à ne pas travailler contre le sens de la nature, à éviter les erreurs et à reconnaitre les cas anormaux dans lesquels il convient de mettre l'élève entre les mains du médecin compétent.

Le professeur doit s'être formé une image très claire des mouvements parfaits, aussi bien du mécanisme des articulations que des degrés de contraction et décontraction musculaire. Nous avons essayé dans notre méthode de provoquer en lui cette image ; les planches anatomiques ci-jointes sont destinées à la rendre plus nette. Nous lui conseillons en outre la lecture d'ouvrages spéciaux de physiologie et notamment du livre remarquable du docteur Lagrange : *L'hygiène et l'exercice chez les enfants et les jeunes gens.*

❧

Outre les exercices destinés à éveiller le sens de la durée et de l'accentuation, notre méthode renferme des exercices spéciaux de respiration rythmique. L'introduction du volume I donne une description très détaillée du travail musculaire capable d'augmenter le volume de la cage thoracique, d'assurer le bon fonctionnement de l'appareil respiratoire, et de développer l'organe du poumon lui-même en provoquant le fonctionnement d'un certain nombre de cellules habituellement inactives. Les planches anatomiques I à VII représentent la cage thoracique en différents états, après ou avant l'expiration, avec ou sans contraction du diaphragme et du grand muscle droit de l'abdomen. Pour *tout* exercice contenu dans les volumes I ou II, nous recommandons au professeur de comparer entre elles les dites planches et, dans certains cas spéciaux, de les montrer à ses élèves.

❧

La méthode renferme des exercices rythmiques de *crescendo* et de *diminuendo*, c'est-à-dire de toutes les nuances, de tous les degrés d'innervation motrice. Ce sont des exercices de *coordination*, ayant pour but de régler l'effort respectif des divers groupes musculaires et le jeu des trois facultés qui président aux mouvements : la *sensibilité*, indicatrice de l'intensité du travail musculaire ; le *jugement* qui fait apprécier l'effet de ce travail, et la *volonté* qui en détermine l'exécution. C'est surtout pour ce genre d'exercices (ainsi que pour les marches lentes qui se trouvent à la fin du volume I, ainsi que pour tous les exercices qui exigent de l'équilibre et ont pour but l'éducation des muscles antagonistes), que le professeur tirera quelque utilité de l'analyse des planches VIII, etc., représentant les divers membres, en état de contraction musculaire.

Un bon équilibre corporel est la première condition pour permettre à l'esprit de mesurer les différentes durées et d'apprécier les divers degrés d'accentuation rythmique. Un bon équilibre corporel dépend en majeure partie de la jambe qui est le point d'appui du corps, et de son activité musculaire. C'est pourquoi le lecteur trouvera plusieurs planches anatomiques représentant la jambe en différentes positions et en différentes nuances d'innervation. Pour la position et l'activité musculaire du pied, voir volume II.

Nous sommes convaincu que tout éducateur doit (aussi bien que toute mère de famille) connaître l'anatomie du corps humain et surveiller avec attention le développement physique de l'enfant confié à ses soins. La santé morale dépend de la santé physique. Le bon fonctionnement des facultés cérébrales dépend du bon fonctionnement corporel. Par conséquent l'éducateur doit s'intéresser :

1° à l'hygiène de la marche,
2° » » du geste,
3° » » de l'équilibre,
4° » » de la respiration,
5° » » de la circulation,
6° » » de l'activité des nerfs, de l'innervation centripète et centrifuge,
7° » » de l'activité cérébrale.

Nous terminons ce bref avant-propos en émettant le vœu que la partie *gymnastique* de notre méthode soit de la part des personnes appelées à l'enseigner, l'objet d'une étude aussi consciencieuse que les parties *rythmique* et *artistique*. A notre avis, cette trinité pédagogique ne saurait être divisée.

E. Jaques-Dalcroze.

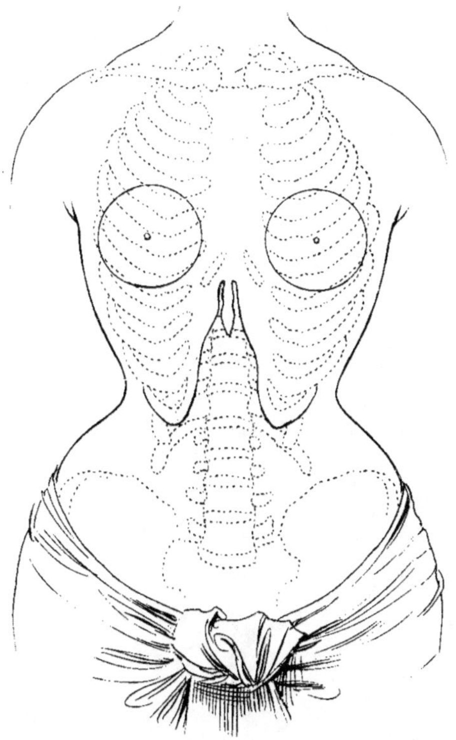

CAGE THORACIQUE AVEC CORSET

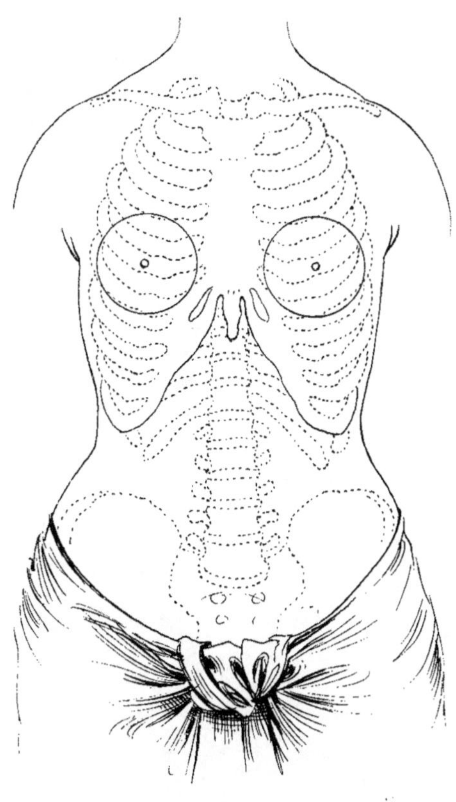

CAGE THORACIQUE SANS CORSET

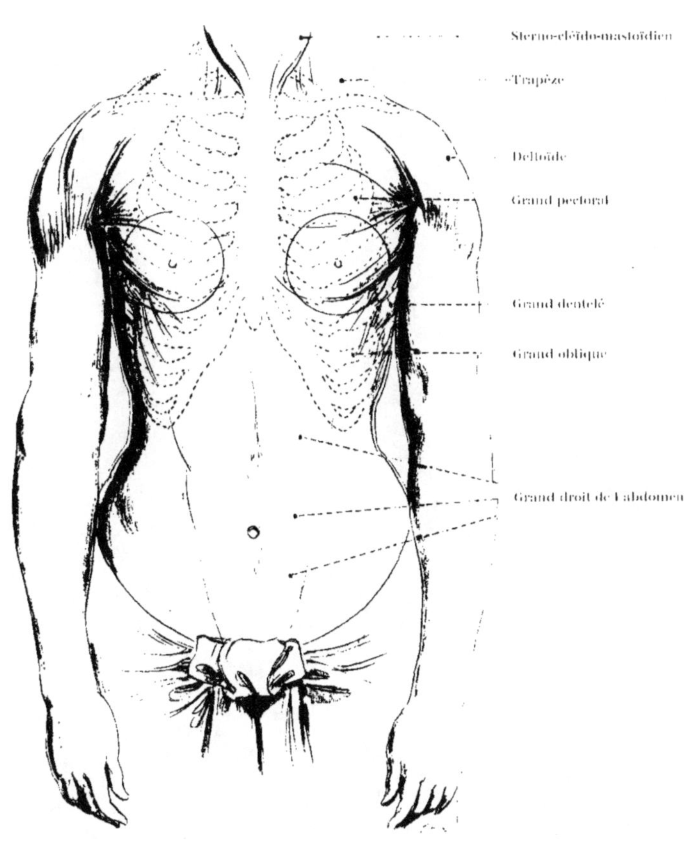

ÉTAT DE REPOS APRÈS EXPIRATION

FACE ANTÉRIEURE

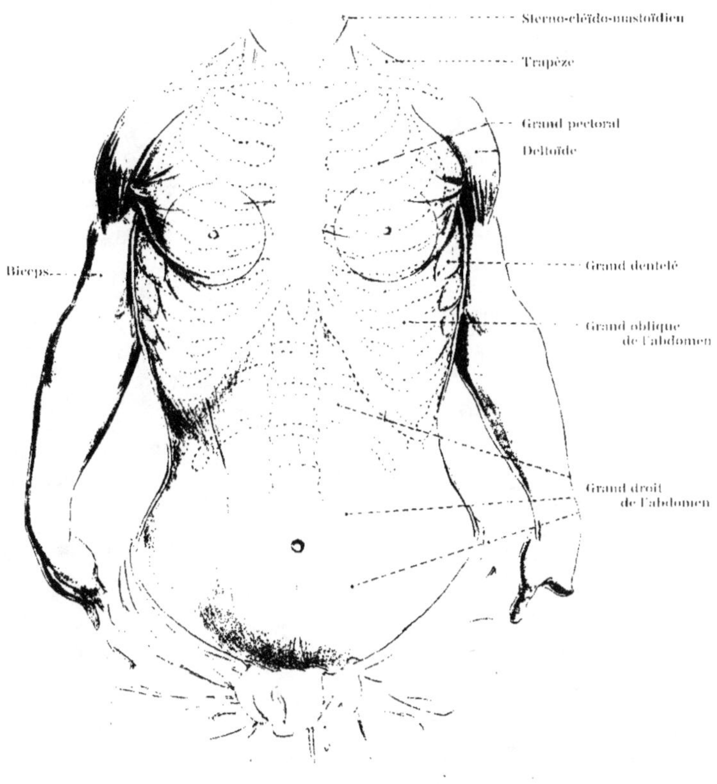

MOUVEMENT D'ASPIRATION

DILATATION DE LA CAGE THORACIQUE ET DE L'ABDOMEN

FACE ANTÉRIEURE

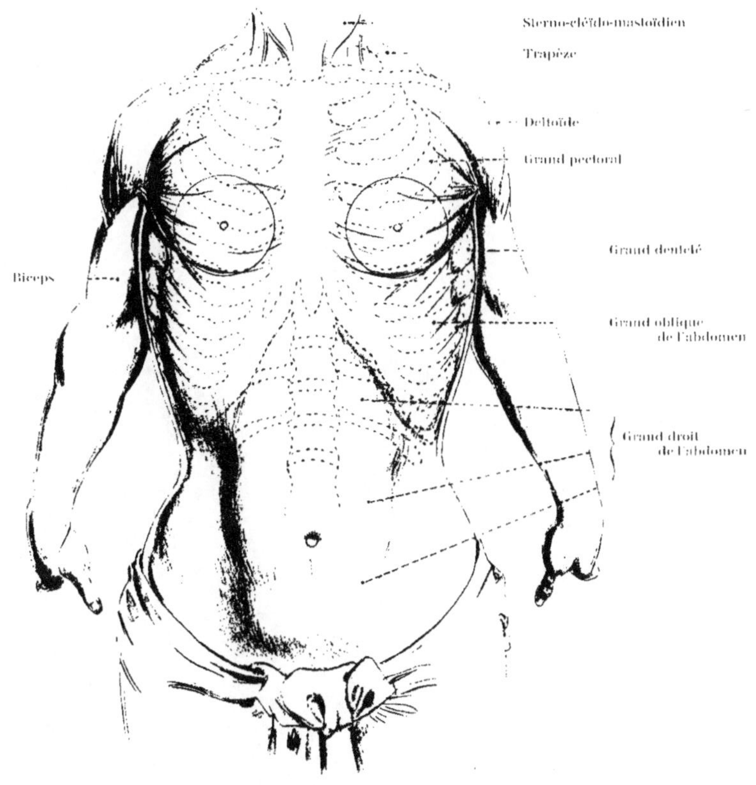

MOUVEMENT D'ASPIRATION

DILATATION DE LA CAGE THORACIQUE ET DE L'ABDOMEN

CONTRACTION DU GRAND DROIT DE L'ABDOMEN

FACE ANTÉRIEURE

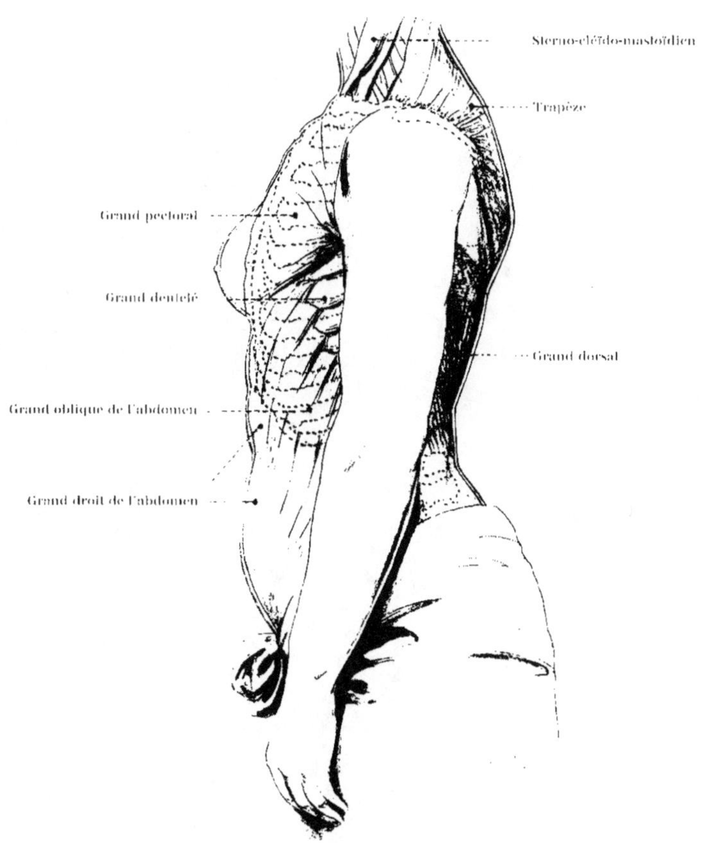

ÉTAT DE REPOS APRÈS EXPIRATION

VU DE CÔTÉ

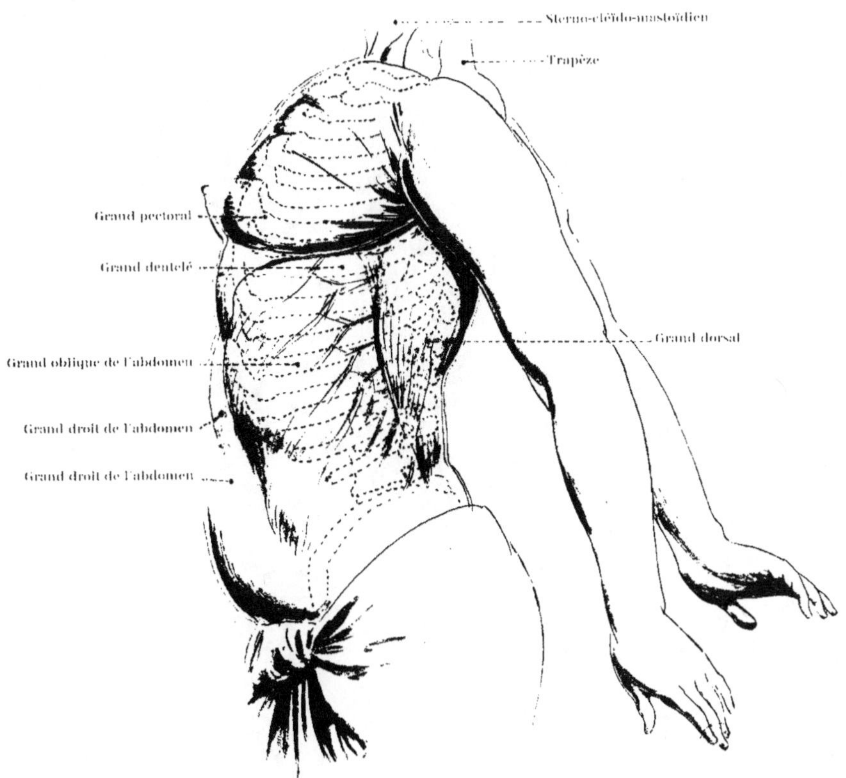

MOUVEMENT D'ASPIRATION

DILATATION DE LA CAGE THORACIQUE ET DE L'ABDOMEN

VU DE CÔTÉ

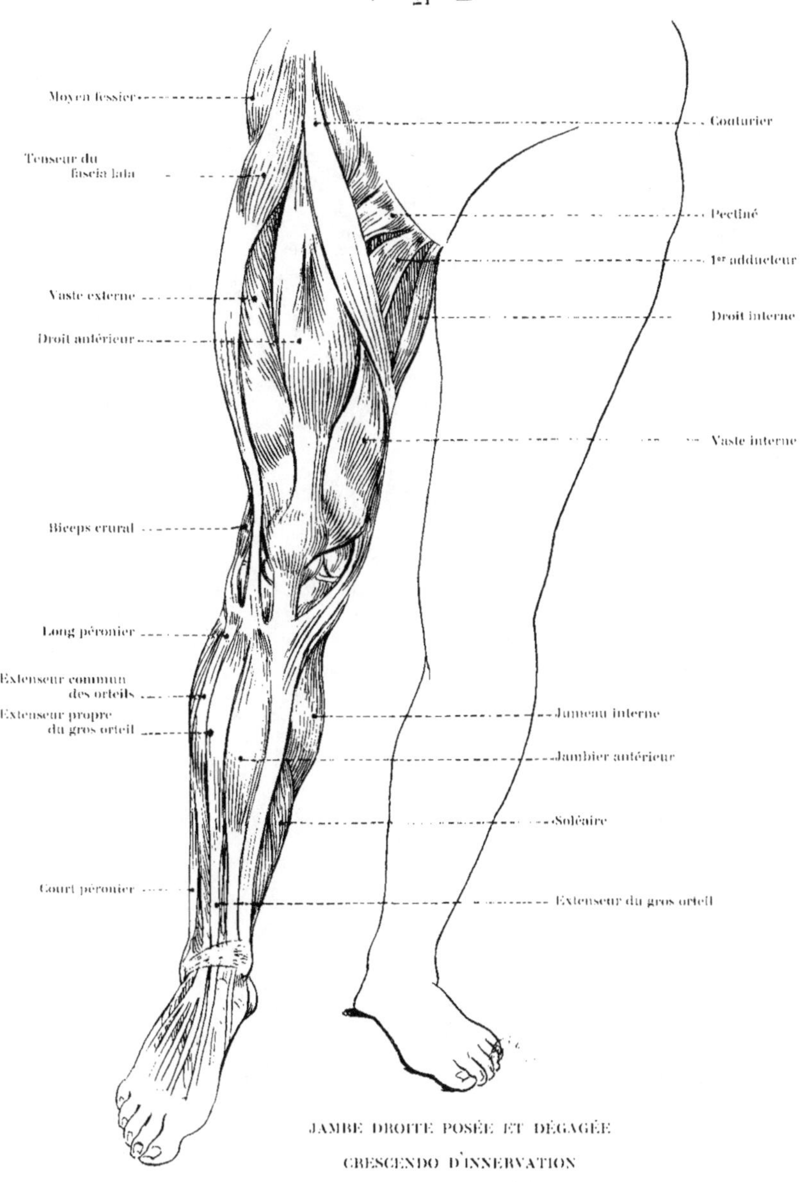

JAMBE DROITE POSÉE ET DÉGAGÉE

CRESCENDO D'INNERVATION

FACE ANTÉRIEURE

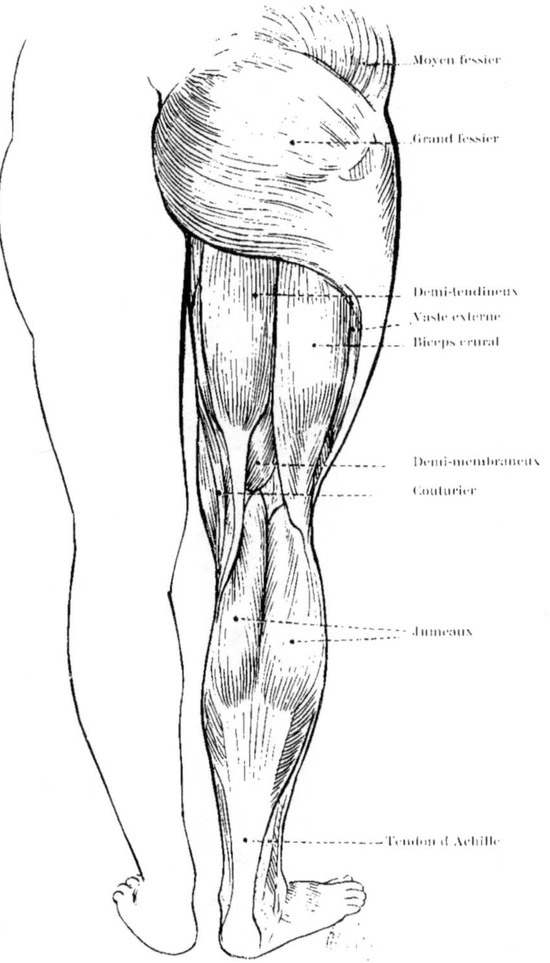

JAMBE DROITE SOUTENANT LE POIDS DU CORPS

TENSION MODÉRÉE DES MUSCLES

FACE POSTÉRIEURE

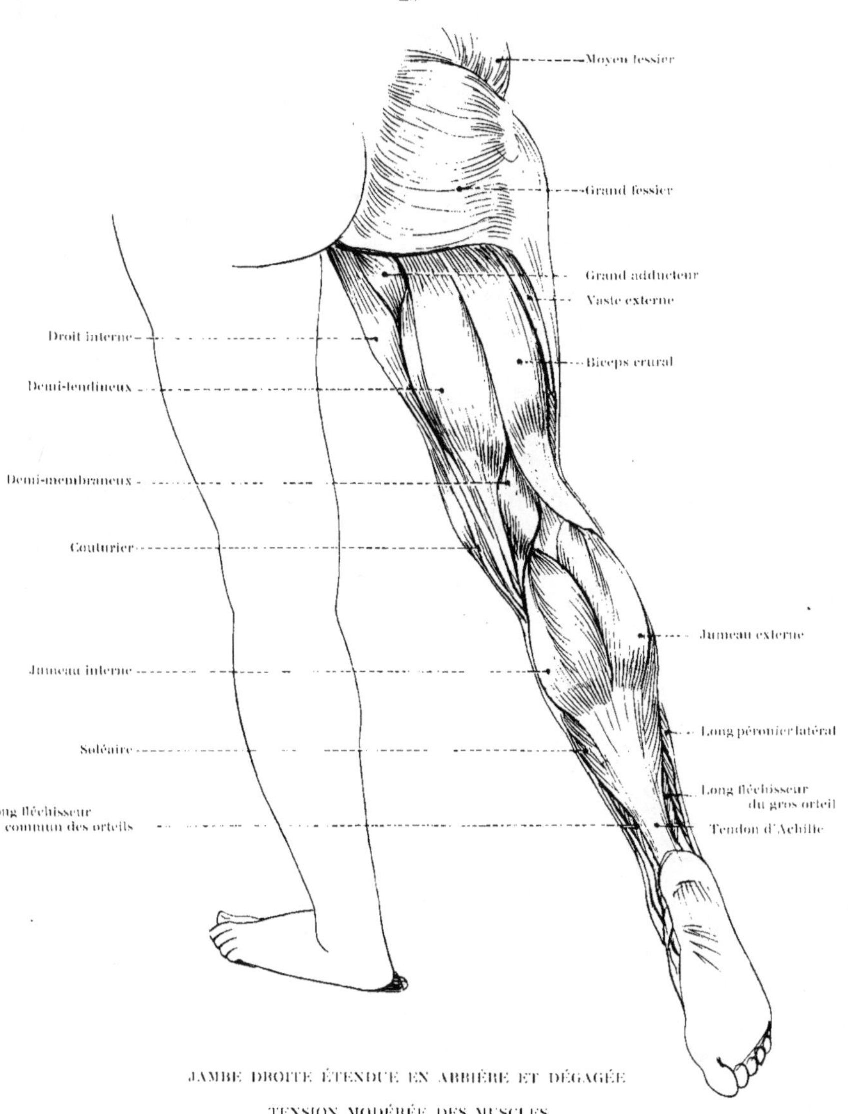

JAMBE DROITE ÉTENDUE EN ARRIÈRE ET DÉGAGÉE

TENSION MODÉRÉE DES MUSCLES

FACE POSTÉRIEURE.

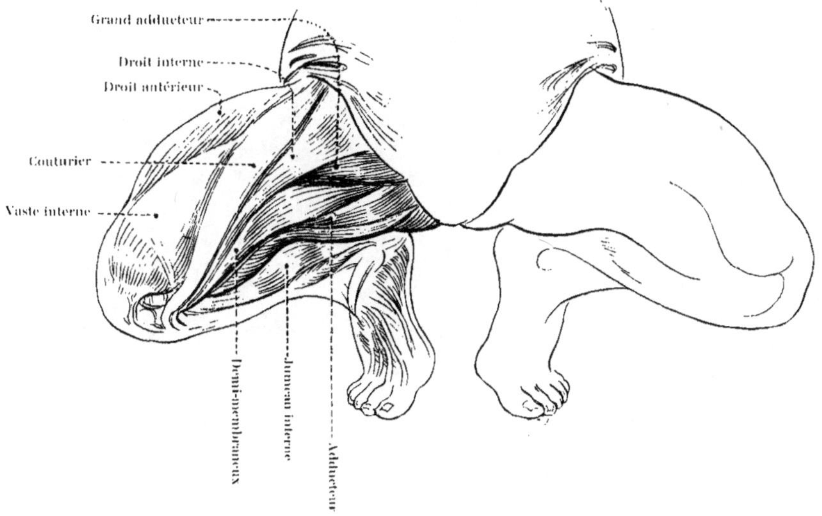

GÉNUFLEXION

CRESCENDO D'INNERVATION

LE CORPS SE PRÉPARE A SE REDRESSER

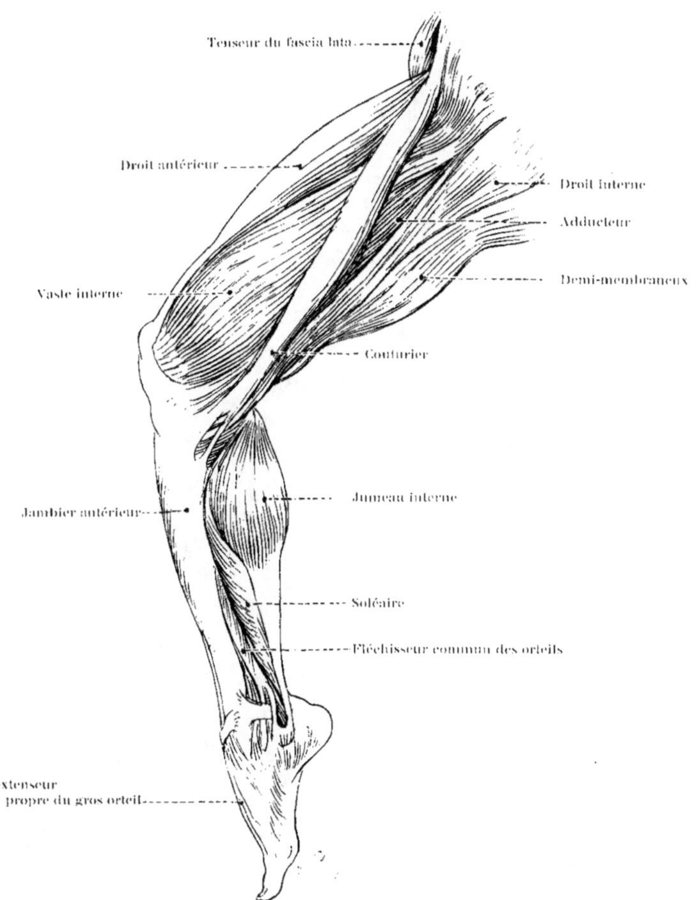

JAMBE DROITE DÉGAGÉE VUE DU CÔTÉ GAUCHE

CUISSE MI-LEVÉE

CRESCENDO D'INNERVATION

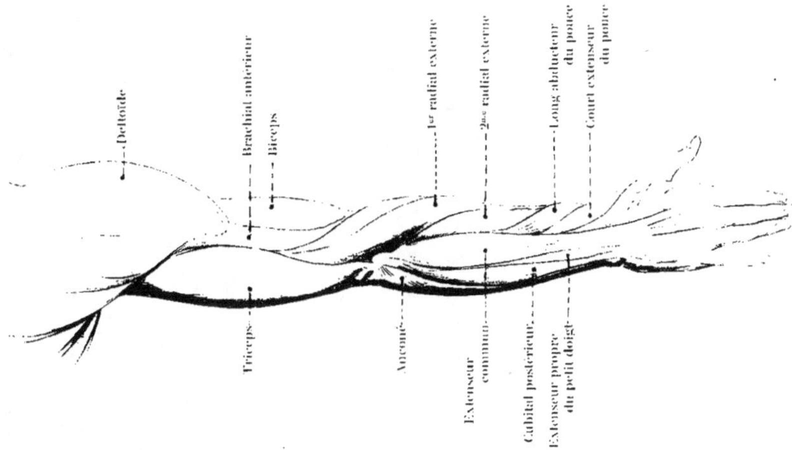

BRAS DROIT — FACE POSTÉRIEURE

LES MUSCLES EN TENSION MODÉRÉE

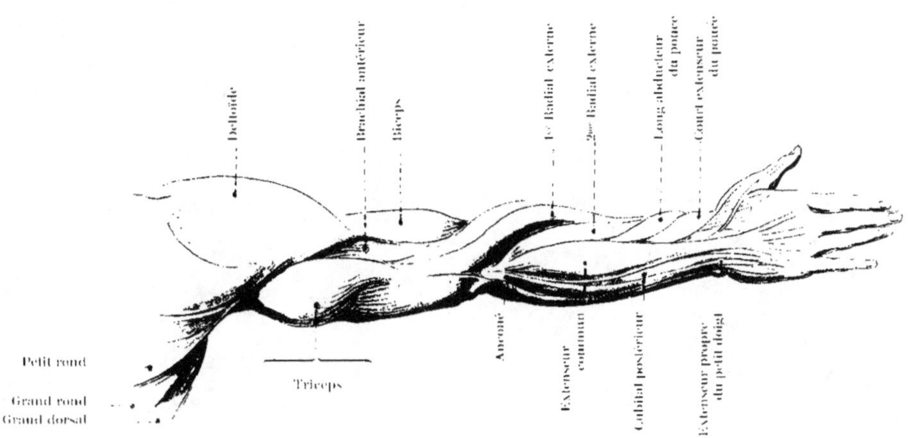

BRAS DROIT — FACE POSTÉRIEURE

CRESCENDO D'INNERVATION

MÉTHODE JAQUES-DALCROZE

POUR LE DÉVELOPPEMENT DE L'INSTINCT RYTHMIQUE DU SENS AUDITIF ET DU SENTIMENT TONAL

EN 5 PARTIES. 8 VOLUMES

(N° 937, 938) **1re PARTIE** (2 volumes)
Gymnastique Rythmique

(N° 939) **2me PARTIE** (1 volume)
Etude de la Portée musicale

(N° 940, 941, 942) **3me PARTIE** (3 volumes)
Les Gammes et les Tonalités, le Phrasé et les Nuances

(N° 943) **4me PARTIE** (1 volume)
Les Intervalles et les Accords

(N° 944) **5me PARTIE** (1 volume)
L'Improvisation et l'Accompagnement au piano

www.ingramcontent.com/pod-product-compliance
Lightning Source LLC
LaVergne TN
LVHW052014160826
845678LV00003B/1056